AF335810

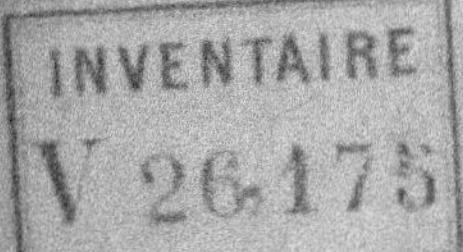

MÉMOIRE

SUR UNE DÉCOUVERTE DANS L'ART DE BATIR

Faite par le sieur LORIOT,

MÉCANICIEN, PENSIONNAIRE DU ROI,

DANS LEQUEL ON REND PUBLIQUE, PAR ORDRE DE SA MAJESTÉ,

LA MÉTHODE DE COMPOSER UN CIMENT,
OU MORTIER PROPRE A UNE INFINITÉ D'OUVRAGES, TANT POUR
LA CONSTRUCTION QUE POUR LA DÉCORATION.

(L'édition originelle de ce mémoire est de 1774, et a été imprimée
à Paris, chez MICHEL LAMBERT, rue de la Harpe.)

La présente édition est publiée par les soins de

M. Ch. FRANTZ.

Prix : 50 c.

PARIS

LIBRAIRIE CENTRALE DES ARTS ET MANUFACTURES,

AUGUSTE LEMOINE, ÉDITEUR,

19, QUAI MALAQUAIS, 19.

MÉMOIRE

SUR UNE DÉCOUVERTE DANS L'ART DE BATIR

Faite par le sieur LORIOT,

MÉCANICIEN, PENSIONNAIRE DU ROI,

DANS LEQUEL ON REND PUBLIQUE, PAR ORDRE DE SA MAJESTÉ,

LA MÉTHODE DE COMPOSER UN CIMENT,
OU MORTIER PROPRE A UNE INFINITÉ D'OUVRAGES, TANT POUR
LA CONSTRUCTION QUE POUR LA DÉCORATION.

(L'édition originelle de ce mémoire est de 1774, et a été imprimée
à Paris, chez MICHEL LAMBERT, rue de la Harpe.)

La présente édition est publiée par les soins de

M. Ch. FRANTZ.

Prix : 50 c.

PARIS

LIBRAIRIE CENTRALE DES ARTS ET MANUFACTURES,

AUGUSTE LEMOINE, ÉDITEUR,

19, QUAI MALAQUAIS, 19.

HAGUENAU. — IMPRIMERIE ET LITHOGRAPHIE DE V. EDLER

LE CIMENT ROMAIN.

INTRODUCTION.

Tout le monde parle du ciment romain ; tout le monde vante ses qualités hydrofuges et inaltérables. Mais sait-on comment il est composé? Est-il vrai que le secret de sa composition ait été perdu et retrouvé?

A ce propos, il n'est peut-être pas sans intérêt d'entrer dans quelques détails, et de reproduire le passage suivant, extrait des *Anecdotes helvétiques* publiées en 1771.

« *Lucius Munatius Plancus* (¹) fonda la ville de
« Rautique *Augusta Rauracorum*, connue sous le
« nom d'Augs. (²) Ses antiquités sont remarquables.
« Les murs du château qui subsistent encore
« offrent une particularité qui pourrait être utile;
« c'est que la liaison des pierres est si bien ci-
« mentée que les maçons les plus habiles ne

---

(1) Il existe à l'hôtel de ville de Bâle une très-belle statue de Lucius Munatius.

(2) On écrit aussi Augst. Cette ville, capitale de la *Rauracie*, était située près de Bâle. *(Notes de l'éditeur).*

« peuvent venir à bout de l'arracher. Il est bien
« étonnant que, depuis tant de siècles, on n'ait
« pas fait des recherches, ou du moins qu'on en
« ait fait d'infructueuses sur ce ciment des Ro-
« mains, qui donnait à leurs monuments une con-
« sistance et une solidité si durable. »

Mêmes particularités se remarquent, non-seulement dans les nombreuses ruines romaines qui
existent encore en France et ailleurs, mais même
dans les ruines des vieux châteaux féodaux construits pendant l'époque du moyen-âge. Nous ne
citerons que les ruines du château de Thann
(Haut-Rhin) où se présente une chose aussi étonnante que curieuse, c'est qu'en faisant sauter la
tour de ce vieux château, un bloc énorme, en forme
de fût défoncé aux deux bouts, a été renversé sur
son flanc, où il gît encore, sans qu'un caillou
s'en soit détaché. Ciment et cailloux dont sont
composées ces ruines, ont conservé la dureté du
roc.

D'après le passage cité plus haut, relatif au
ciment romain, l'auteur des *Anecdotes helvétiques*
ignorait sans aucun doute, que, dès 1770, le secret du ciment romain, était non-seulement retrouvé, mais avait déjà reçu une application dans
la terre de Menars, appartenant à M. le marquis
de Marigny.

Ce secret retrouvé par le sieur Loriot, est tellement simple, qu'on ne peut comprendre qu'il ait pu rester ignoré pendant plusieurs siècles, et, ce qui n'est pas moins étonnant, c'est que ce procédé, consigné dans un mémoire imprimé depuis près d'un siècle (en 1774), soit encore aujourd'hui à l'état de secret; ou, s'il est connu des hommes de l'art, pourquoi n'en fait-on pas usage ?

Ce secret consiste en un simple mélange de sable fin, de brique pilée, de chaux vieille éteinte, gâchés ensemble avec une quantité suffisante d'eau, auquel mélange on ajoute un quart environ de chaux vive en poudre, au moment d'en faire l'emploi. Pierres, cailloux, graviers, plâtre, marne, gravois, poudre de charbon de terre, suie, débris provenant de la taille des pierres, scories de forges, mâchefers, etc., etc.; tous ces matériaux d'un prix insignifiant, et à la portée de tout le monde, sont liés entre eux et rendus indestructibles par l'emploi de ce mortier hydraulique.

Un heureux hasard ayant fait tomber entre nos mains un exemplaire du mémoire publié par le sieur Loriot en 1774, sur la composition et l'emploi du ciment romain, nous croyons devoir, dans l'intérêt du public, livrer ce mémoire à la réimpression, persuadé que, non-seulement les ingénieurs, les architectes, les entrepreneurs de travaux et les maçons, mais encore les plus humbles habitants de nos campagnes, nous sauront gré de les avoir mis à même de retirer les plus inappréciables avantages de cette publication.

N'y aurait-il pour le laboureur et le vigneron d'autre utilité que celle de crépir leurs maisons, de composer l'aire de leurs granges, et de remplacer la boue durcie de leur cuisine par ce mortier hydraulique, nous nous estimerions encore heureux d'en avoir conseillé et propagé l'emploi.

Par une simple lecture de ce mémoire trèsexplicatif, l'homme le moins lettré pourra composer ce mortier, suivant les lieux, les cas et les circonstances, où il peut recevoir un emploi utile.

Comme cependant dans tout essai, il y a nécessairement tâtonnement et manque d'habitude, on ne doit pas se décourager et rejeter la faute sur le procédé, si l'opération n'a pas eu le succès désirable. Il ne faut pas oublier non plus, que la réussite de l'opération dépend surtout du choix des matériaux et de la bonne qualité des deux chaux.

La chaux éteinte doit être de vieille date et la chaux vive de fabrication récente.

Serqueux (près Bourbonne-les-Bains), le 15 novembre 1869.

L'éditeur de cette nouvelle édition,

CHARLES FRANTZ.

MÉMOIRE

Sur la méthode de composer un ciment, ou mortier
propre à une infinité d'ouvrages, tant pour la
construction que pour la décoration.

Quel que soit le degré de perfection auquel les arts se
sont élevés depuis peu de siècles, on ne peut se dissimu-
ler, lorsqu'on parcourt les écrits des Anciens, ou qu'on
observe leurs monuments, qu'ils étaient en possession de
certaines pratiques, ou procédés que les modernes n'ont
pas encore retrouvés. Nous sommes riches, sans doute,
de notre propre fonds; mais gardons-nous de croire qu'il
ne nous reste plus rien à faire, et même que nous possé-
dions tout ce que plusieurs siècles de pratique et d'expérience, le hasard, peut-être, avaient appris à la savante et
laborieuse Antiquité. Une des parties essentielles de l'architecture, l'art de la construction, nous présente un
exemple de ce que l'on vient de dire. Tandis que le génie
des architectes modernes, formé sur les monuments an-
tiques, a reproduit parmi nous des morceaux capables de
le leur disputer, on peut dire que nous sommes restés bien
loin derrière les Anciens, en ce qui concerne l'art de les
élever avec rapidité, avec toutes sortes de matériaux, et
de leur imprimer ce degré de solidité qui les destine en
quelque sorte à l'immortalité.

Il n'est pas difficile de faire des ouvrages qui résistent à l'injure des temps, lorsqu'on entasse d'énormes blocs de pierre les uns sur les autres. Mais des pays d'une étendue assez considérable sont privés d'une pareille ressource par la disette de matériaux de cette nature; il en est aussi où ces matériaux n'ont pas par eux-mêmes, les qualités nécessaires pour résister pendant une longue suite d'années aux vicissitudes des saisons. D'ailleurs, cette matière de construire est extrêmement dispendieuse. Le simple citoyen, qui est obligé de mettre de l'économie dans la construction de sa demeure, ne peut y atteindre : de là le peu de durée de la plupart des édifices particuliers; les États mêmes sont obligés de renoncer à des entreprises d'une grande utilité, par l'énormité des frais qu'elles occasionneraient.

Aussi voyons-nous que les Romains employaient le plus souvent, et surtout dans ces ouvrages plutôt destinés à l'utilité publique qu'à la décoration, une manière de construire moins dispendieuse : Les matériaux d'un très-petit volume, réunis par un mortier ou un ciment d'une très-grande tenacité, en faisaient la base et presque la totalité. Que d'avantages dans une pareille construction! On pouvait dès-lors employer tous les matériaux que le hasard présentait à la surface de la terre, sans en excepter même ceux qu'on trouve, dans le lit des fleuves et des torrents, quoiqu'arrondis et polis par leur mouvement continuel (¹). Il ne fallait ni l'attirail d'énormes voitures pour les amener sur l'atelier, ni celui des machines multipliées pour les élever;

____

(1) On en a un exemple dans les débris d'un ancien ouvrage romain, que l'on voit à Lyon, en remontant les bords du Rhône, au sortir du quai Saint-Clair. Il est aisé de voir qu'on y a employé les cailloux mêmes de ce fleuve, qui sont tellement liés ensemble, qu'il est bien plus aisé de les briser que de les séparer du ciment qui remplit leurs interstices.

conséquemment il n'y avait point de temps perdu à exécuter ces longues opérations, point de bras, pour ainsi dire, inutilement occupés à faire mouvoir ces machines. Tout était employé presque directement à l'ouvrage même, qui, par ce moyen, s'élevait avec rapidité. Eût-on pu autrement exécuter, même avec des légions nombreuses, ces immenses travaux, ces aqueducs parcourant plusieurs lieues d'étendue, quelquefois élevés à la hauteur des montagnes, et dont l'objet n'était souvent que d'abreuver une ville médiocre et fournir l'eau nécessaire à ses bains?

Ces considérations avaient frappé depuis longtemps le sieur Loriot, mécanicien déjà connu par plusieurs découvertes dont l'utilité est avouée; et, ce sont elles qui ont excité les recherches dont on publie aujourd'hui le fruit. Toujours occupé des moyens de servir sa patrie et les arts, il examinait avec curiosité et étonnement ces restes de la magnificence romaine épars dans la plupart de nos provinces méridionales. Cette circonstance le porta d'abord à en conclure que cette solidité qu'on admire ne pouvait être due ni à un secret concentré dans un coin de la terre, ni à un avantage local, ou à une qualité particulière des matériaux, mais qu'elle était le résultat d'un procédé populaire et trivial, pratiqué par un monde d'ouvriers occupés à ces travaux. Mais entrons, pour suivre le fil des idées du sieur Loriot, dans un examen plus détaillé de ce que présentent ces monuments, et de la manière dont on est fondé à croire qu'ils ont été construits.

Ces monuments offrent pour la plupart des masses énormes en épaisseur et en élévation, dont l'intérieur, masqué seulement par un parement presque superficiel, n'est évidemment formé que de pierrailles et de cailloutages, jetés au hasard et liés ensemble par un mortier qui paraît avoir été assez liquide pour s'insinuer dans les moindres interstices, et ne former qu'un tout de cet amas de matières, soit qu'elles aient été jetées dans un bain de ciment ou mortier, soit qu'arrangées d'abord on l'ait versé sur elles.

Il suffit donc de considérer ces ruines pour se convaincre que tout l'art de cette construction consistait dans la préparation et l'emploi de ce mortier, qui n'était sujet à aucune dissolution, et dont la ténacité était si grande, qu'il résiste aujourd'hui aux coups redoublés du pic et du marteau. Si l'on parvient même à détacher de la masse quelque cailloutage de forme arrondie, qui facilite son issue, l'on voit avec étonnement le moule de ciment dans lequel il était enchâssé, présenter autant de résistance que la pétrification la plus complète.

Quelle différence de ce mortier à celui des constructions modernes, quelque attention qu'on ait apportée à sa composition! Le nôtre semble n'arriver à une dessication parfaite que pour se pulvériser au simple toucher. Qui est-ce qui n'a pas fait cette observation, en voyant démolir les ouvrages de la plus récente construction?

Une des propriétés éminentes de ce ciment des Romains était aussi d'être impénétrable à l'eau. Ce n'est point une simple conjecture: les aqueducs qui nous restent, ne permettent pas de douter de cette qualité de leur ciment; car les Romains n'y employaient ni terres glaises, ni mastics pour obvier à l'infiltration des eaux: l'aire de ces canaux appuyée sur le solide, quelquefois sur un mur, ou sur un point élevé pour cela: leurs parois, comme la voûte, tout était construit des mêmes cailloutages liés par ce ciment. On remarque seulement que l'intérieur présentait à sa surface une couche composée de parties plus fines et plus atténuées, qui ne paraissent point être un enduit fait après coup, qui puisse s'enlever par écailles, mais par le produit d'une opération particulière qu'il ne serait pas difficile d'imiter, après les observations que l'on va faire.

Ainsi il paraît démontré que les Romains construisaient ces sortes d'ouvrages par encaissement; les tranchées pour les fondations formaient de premières caisses, qu'il ne s'agissait que de remplir de matériaux préparés; les plus gros quartiers de pierres y trouvaient place, sans doute, avec le reste : dès que l'ouvrage était amené au rez du terrain, des planches préparées pour se réunir alternativement les unes au-dessus des autres se plaçaient aux deux côtés dans la distance convenable à l'épaisseur que l'on voulait donner au mur, et étaient assujeties de manière à ne pouvoir s'écarter de l'aplomb, ni dans un sens ni dans l'autre.

C'est dans ces sortes de caisses, successivement surmontées les unes par les autres, que se formaient comme dans un moule ces masses énormes de murs, composés, comme on l'a dit, de toutes sortes de pierrailles et cailloutages, dont notre moderne architecture ne peut tirer aucun parti, parce qu'elle n'a pas le secret du mortier qui avait la propriété de réunir promptement tout cela en un corps solide.

L'on conçoit aisément combien un petit nombre d'ouvriers qui avaient sous la main les matériaux nécessaires, avançaient par un pareil procédé, l'ouvrage de la construction : il ne s'agissait d'un côté que de tenir prêtes des augées de mortier, et de jeter d'un autre, à pierres perdues, dans l'encaissement, les pierrailles et cailloutages qui en devaient être baignés. Un peu d'attention de la part de ces ouvriers pour le remplissage, et une égale distribution de la pierraille et du mortier, était suffisante : le cintrement leur fournissait le même secours qu'à nous pour les voûtes et arcades; et s'il s'agissait de la construction d'un aqueduc qui demandait que les parois intérieures fussent formées de ce ciment particulier que l'on y remarque à une certaine épaisseur, on commençait par l'appliquer sur les planches de l'encaissement intérieur et du cintre, avant que d'y mettre des matières plus grossières, ce qui formait une couche, une croûte qui tenait éloignées de l'impression de l'eau les pierres spongieuses qui s'y seraient trouvées.

Il eût été impossible, sans l'encaissement, de construire, soit des murs de si prodigieuse épaisseur, soit des canaux de si légère maçonnerie; il fallait enfin que l'effet de ce mortier fût très-subit, et qu'il prît aussi promptement que nos gypses et nos plâtres, pour faire corps et résister aussitôt, sans éboulement, à l'augmentation successive du poids qu'il avait à soutenir. En effet, la moindre retraite, ou la moindre poussée, ou extension dans le dessèchement de cette composition, son seul poids, eussent infailliblement entraîné la ruine d'un ouvrage dont aucune des parties n'avait d'assise stable et solide.

Ainsi la fixité et persévérance au même volume étaient encore une qualité que les plus simples observations veulent que l'on attribue au mortier employé par les Romains. Rassemblons ici les idées que l'on en vient de donner.

1° Ce mortier passait très-promptement de l'état liquide à une consistance dure; il prenait sur le champ comme le plâtre.

2° Il acquérait une ténacité étonnante, et saisissait les moindres cailloutages qui en avaient été baignés;

3° Il était impénétrable à l'eau ;

4° Il conservait toujours le même volume, sans retraite ni extension.

Des propriétés aussi intéressantes auraient dû mettre cette composition à couvert des révolutions et la sauver de l'oubli. Cependant l'on peut assurer qu'il est absolu, et que dans toute l'Europe on la regrette, sans avoir pu jusqu'ici rien découvrir d'équivalent.

Si l'on voit, dans quelques endroits, des constructions plus solides que dans d'autres, cela est dû à quelque particulière qualité des matières que l'on emploie, comme de la chaux, du sable, etc.

Il y a eu sans doute des amateurs qui, avant le sieur Loriot, se sont appliqués à considérer les ruines de ces monuments; qui ont examiné aussi curieusement que lui toutes les circonstances qui pouvaient fournir quelques lumières, et qui ont peut-être analysé plus méthodiquement les débris de ce merveilleux mortier; mais personne que l'on sache, n'a osé jusqu'à présent annoncer qu'il eût tiré de ses réflexions et de ses essais le secret de sa composition, enseveli depuis tant de siècles.

Se serait-on laissé prévenir du préjugé populaire que les Romains employaient des matières que nous n'avons pas, qu'ils exportaient d'Italie, ou dont les veines ont été épuisées chez nous? Ces conjectures décourageantes sont moins absurdes que les propos des vignerons de Besançon qui se disent les uns aux autres que l'aqueduc d'Arcier (¹) doit sa solidité au sang de bœuf dont son ciment fut com-

---

(1) Quin et aquæ superest ductus per millia quinque
      Ad mea qui quondam mœnia vexit acquas.

Despotots apud Chifl. Vesont.

2

posé; ce qu'ils fondent sans doute sur ce qu'il paraît teint de nuances rouges et briquetées. Mais elles ne sont pas plus satisfaisantes pour l'observateur, qui, en consultant ses yeux, ne voit dans ce ciment aucune matière étrangère à celle que l'on emploie tous les jours pour la construction; qui en interrogeant l'analyse et la décomposition, n'y trouve que les principes ordinaires du mortier.

Qui croira en effet qu'il ait été possible de transporter de si loin l'immense quantité de matières nécessaires à la construction de tant d'ouvrages prodigieux? Qui croira que ces carrières de matériaux précieux, découvertes à propos par les Romains dans tous les lieux où ils en ont eu besoin, se soient, comme à point nommé, épuisées, pour nous enlever le moyen de les imiter? À peine serait-il permis de s'abandonner à de semblables conjectures, si la décomposition de ce ciment offrait quelque substance extraordinaire, quelques phénomènes nouveaux dans la nature.

Mais le sieur Loriot, après avoir examiné dans ses voyages presque tout ce que les Romains ont laissé en France de monuments en ce genre; après avoir considéré tout ce qu'ils pouvaient avoir autour d'eux lorsqu'ils formaient ces entreprises; après avoir combiné et comparé les ressources que le local leur fournissait, s'est intimement convaincu qu'ils n'employaient pas d'autres matières que celles dont nous nous servons; que la chaux, le sable, la brique pilée, et autres matières de cette espèce, opéraient seules la perfection de ce composé, mais qu'ils avaient une autre méthode que la nôtre dans la manipulation et la préparation.

Ce système, tout hardi qu'il pouvait paraître, n'a fait

que de se fortifier dans son esprit, par de nouvelles observations, jusqu'au commencement de l'année 1765: il
eut alors la confiance de présenter à l'Académie royale
d'Architecture un premier mémoire par lequel il exposa
ses raisons sur l'un et l'autre de ces points: savoir l'iden-
tité des matières, et la différence du procédé. Déjà convaincu de l'insuffisance et de l'inertie de la chaux éteinte
depuis longtemps, il osa avancer que les Romains employaient la chaux vive sur l'échafaud; et ce fut à sa cha-
leur vivifiante qu'il ne craignit pas d'attribuer les surprenantes qualités de leur mortier.

M. le marquis de Marigny, directeur et ordonnateur
général des bâtiments, ayant reçu copie de ce mémoire,
daigna y faire l'accueil que son zèle pour le service de
Sa Majesté, son amour pour le progrès des arts et pour le
le bien public dirigeaient en toute occasion; il aperçut la
possibilité des effets que semblait promettre ce mémoire,
et daigna, dès ce premier moment, encourager le sieur
Loriot par une lettre du 13 février 1765, qui est remplie
d'observations analogues à son système, sur l'emploi qui
se fait en Italie, et principalement à Naples de la chaux
vive avec le *rapillo* et la *pozzolane*.

Cette lettre donna lieu et fut jointe, à un second mémoire, présenté à la même Académie: mais ce corps,
peut-être alors occupé d'objets plus dignes de son attention, peut-être entraîné par le rapport qui lui fut fait de
ces mémoires, témoigna beaucoup de froideur pour ces
ouvertures. Si le sieur Loriot vit avec quelque peine ce
peu d'accueil, il n'en fut pas découragé; il l'imputa moins
à l'Académie qu'à quelques-uns de ses membres, qu'il
savait lui être peu favorables; et à une prévention assez
naturelle et assez fondée, puisqu'elle est accréditée par le

suffrage des deux seuls anciens auteurs qui aient traité cette matière (¹).

On ne manqua pas en effet de lui citer les témoignages de Vitruve et de Pline; du premier, surtout, qui, dans son architecture, donne les plus grands éloges à la chaux la plus anciennement éteinte. Quel moyen après cela d'introduire l'usage de la chaux vive, de la chaux employée éteinte sur le moment? C'est pourquoi le sieur Loriot se croit obligé de discuter les passages de ces auteurs, et de faire voir qu'il n'en résulte contre lui qu'un témoignage négatif, qui ne prouve pas grand'chose, et qui doit céder à des faits aussi positifs que ceux qu'il annonce.

D'abord, à l'égard de Vitruve, il ne paraît pas qu'il ait condamné aucune part la chaux vive; et si au chapitre 2 du livre 7, il recommande celle qui est fusée depuis longtemps, c'est pour la faire servir aux enduits, à cause de sa parfaite dissolution, qui fait disparaître les grains ou grumeaux qui gâteraient l'ouvrage. (²) C'est d'ailleurs une opinion assez fondée, que Vitruve était plus versé dans la théorie de l'architecture que dans la pratique; car il ne cite aucun ouvrage comme étant de lui; et, dans ce cas ne serait-il pas possible qu'une pratique concentrée dans les ateliers lui eût échappé?

------

(1) L'habitant des campagnes, dont les moments sont si précieux, ne trouvant probablement pas d'intérêt à lire les interprétations du sieur Loriot des passages des auteurs anciens sur les différentes qualités de chaux employées par les Romains, pourra reprendre le fil des expériences auxquelles s'est livré le sieur Loriot, à l'alinéa commençant par les mots : *Les recherches que faisait*, etc. page 14.   *(Note de l'éditeur.)*

(2) De maceratione calcis ad albaria opera : *c'est le titre de ce chapitre 2 du livre 7*... Tum de albariis operibus est explicandum. Id autem erit recte, si glebæ calcis optimæ, ante multo tempore quàm opus fuerit, macerabantur. Namque cum non penitus macerata, sed recens sumitur..... habens latentes crudos calculos pustulas emittit..... Qui calculi dissolvunt et dissipant rectorii politiones.

Pline paraît avoir dit plus clairement, au chapitre 23 du livre 36 de son histoire, que plus vieille est la chaux, meilleure elle est (¹). Mais, à moins d'une attention particulière à distinguer, dans ce passage de Pline, les deux propositions qu'il contient au sujet de la chaux, l'on ne peut parvenir à donner à la seconde son véritable sens, si l'on ne saisit pas celui de la première. L'historien de la nature, qui travaillait sur une collection de mémoires, d'après lesquels il rédigeait ses chapitres avec cette précision qui lui est propre, et qui laisse souvent de l'obscurité, distingue évidemment ici deux sortes de chaux; ou, ce qui est la même chose, deux états de la chaux : l'un où elle a toute sa force, son activité, son *ferrumen*, que le sieur Loriot a nommé, dans ses premiers ouvrages, *gluten* de la chaux, et c'est la privation de cette qualité, qui, dans la première partie de ce passage est désignée par ces mots : *calcis sine ferrumine suo*.

Ainsi le naturaliste, témoin des abus qui s'introduisaient déjà de son temps, attribue la principale cause de la ruine des édifices de Rome, à un retranchement que l'on faisait dans la composition du mortier (²), retranchement qu'il qualifie du nom de vol, *furto*; et ce vol porte sur une chaux dont la soustraction prive le mortier de la tenacité et de la force qu'elle lui donnerait : *furto calcis sine ferrumine suo, cœmenta componuntur*.

---

(1) Ruinarum urbis ea maximè causa, quod furto calcis, sine ferrumine suo, cœmenta componuntur. Intrita quoque quò vetustior, ea melior. In antiquarum (antiquis) Aedium legibus invenitur ne recentiore trimâ uteretur redemptor; ideò nulla (nulla) tectoria eorum rimæ fœdavere.

(Plin. hist. lib. 36. cap. 23.

(2) L'on sait que le mot *cœmentum* des auteurs latin ne signifie pas toujours le ciment ou le mortier; mais en cet endroit de Pline il ne peut pas signifier autre chose.

L'auteur ne veut pas dire que l'abus consistât à faire du mortier sans chaux; car il n'est pas à présumer que de son temps les architectes de Rome aient fait une pareille tentative; et, si cela eût été, il se fût contenté de parler absolument de cette soustraction, et n'eût pas appelé du nom de *cœmenta*, les mélanges qu'ils auraient pu y substituer. Mais il parle de la soustraction d'une chaux qui avait seule la vertu de donner au ciment ou mortier les éminentes qualités que tout constructeur désire; et cette chaux ne peut pas être la chaux éteinte et fusée, puisque la plus simple expérience apprend que de quelque ancienneté qu'elle soit, et qu'à quelque dose qu'on l'emploie, si à quelque degré de combinaison elle donne un mortier un peu meilleur que l'autre, l'on n'obtient jamais un résultat qui approche de celui des Romains. Il y a donc, suivant Pline, *un larcin de chaux*, une épargne criminelle, qui est la principale cause de l'imperfection du mortier qui commençait à s'introduire à Rome, la source des ruines que l'on y voyait; mais ce larcin ne peut pas être celui de la chaux fusée depuis longtemps, puisqu'en lui en faisant la restitution la plus abondante, le mortier n'est pas meilleur.

La conséquence qui résulte de son assertion et de notre propre expérience, est aisée à tirer : L'auteur parle nécessairement, dans la première partie de ce texte, d'une autre chaux que de celle qui est fusée, d'un intermède qui donne au mortier sa force et sa vertu. (¹) Combien cette vérité, en exposant la découverte du sieur Loriot, acquerra-

(1) Au commencement de ce même chapitre, Pline parle évidemment de l'emploi de la chaux vive, qu'il nomme *calx quàm vehementissima*; de sorte que tout ce qu'il dit jusqu'à ces mots *intrita quoque*, etc., qui marquent qu'il va la considérer sous un autre état, se rapporte à la chaux vive.

t-elle de droit sur les esprits! Pourquoi se demandera-
t-on, au lieu de chercher dans Pline des autorités en
faveur d'une mauvaise routine, n'y a-t-on pas vu ce qui
est en effet le principe d'un procédé connu de son temps,
que ses écrits et un peu plus de réflexion étaient capables
de perpétuer? C'est qu'il est peu de lecteurs qui sachent
lire, et qui apportent à leurs études les dispositions nécessaires pour vaincre les préjugés.

La seconde partie du texte de Pline, *intrita quoque*,
etc., indique suffisamment qu'il y est question d'une autre
chaux, ou d'un état de la chaux qui est autre que celui
qui fait le sujet de la première observation: L'auteur les
met pour ainsi dire en opposition. Premièrement, quant
aux dénominations, l'une est appelée *calx* ou *calx cum
ferrumine suo*, *calx quàm vehementissima*: l'autre porte
une qualification propre à indiquer le nouvel état sous lequel il l'a considérée, et il l'appelle *calx intrita* (¹), de
la chaux dissoute et éteinte. Secondement, quant à leurs
effets, la première donne au mortier sa force et sa consistance; si on la soustrait, l'ouvrage n'a plus la solidité
requise : l'autre est recommandable par l'ancienneté de sa
fusion et sa parfaite dissolution, qui fait que les ouvrages
où elle s'emploie, ne sont point sujets aux gerçures;
avantages que l'on éprouva, ajoute l'auteur, sous l'empire
des lois anciennes des bâtiments, qui défendaient aux entrepreneurs d'employer cette chaux avant trois années de
fusion.

---

(1) *Intrita*. Cette expression peut-elle convenir à la chaux éteinte à l'air
comme à celle qui l'a été par l'eau ? Si cela était, Pline aurait laissé du louche
dans le choix de cette expression ; l'on aura occasion de faire voir que la chaux
éteinte à l'air n'est pas privée de toutes les qualités de celle qui a été éteinte à
l'eau.

Quoiqu'il en soit de l'autorité de Vitruve et de Pline, que l'on a évidemment mal entendus, cela importe peu au sieur Loriot, il a pour lui les faits et l'expérience : de funestes épreuves (¹) lui ont appris, à la vérité, qu'il a à combattre la prévention et la jalousie, ennemies bien plus redoutables à celui qui s'annonce comme inventeur et réformateur, que quelques passages décousus d'auteurs qui ne sont plus, en faveur de qui personne ne cabale, et que dans un siècle éclairé l'on se permet de contredire, lorsqu'on a des raisons pour le faire. C'est pourquoi il proteste qu'il ne leur opposera que ses succès, et ne fera d'autres efforts pour convaincre, ou du moins pour réduire les détracteurs au silence, que de les inviter à être témoins des expériences en grand qu'il fait à la vue de tout le monde dans les travaux dont il est chargé pour le roi (²).

Les recherches que faisait le sieur Loriot, d'après son plan de 1765, ayant été interrompues, tant par quelques voyages que par un travail particulier pour le service du roi (³), M. le marquis de Marigny, dont le zèle pour ce qu'il a une fois conçu comme utile au progrès des arts ne pouvait être ralenti, surtout dès qu'il avait une relation directe aux bâtiments, profita de la circonstance d'un voyage que le sieur Loriot fit à sa terre de Menars en 1769, pour l'engager à reprendre ses idées sur le ciment des Romains, et à leur donner par ses expériences toute la

---

(1) La persécution qu'il a éprouvée à l'occasion des machines de son invention établies au Pompéan.

(2) Le sieur Loriot est actuellement occupé à faire recouvrir de son ciment les voûtes de l'orangerie de Versailles; tout le monde est à portée de voir le progrès de ses opérations, d'être témoin de la promptitude avec laquelle son ciment prend de la solidité sans gerçure.

(3) Les modèles de tables volantes qui doivent s'exécuter à Trianon, et que toute la capitale a vus avec applaudissement.

maturité et la solidité dont elles pouvaient être susceptibles.

Cette invitation fut un ordre pour lui, et un ordre d'autant plus facile à exécuter, que M. le marquis de Marigny avait pourvu en même temps à ce que l'on fournît au sieur Loriot tout ce que lui serait nécessaire, voulant que les essais en grand comme en petit se fissent à ses risquer et à ses dépens: noble désintéressement, qui a si peu d'émules en ce siècle, même parmi ceux qui briguent le titre de protecteurs des arts!

Le sieur Loriot ainsi mis à son aise, et ayant préparé les matières des différents mélanges qu'il se proposait de faire, pendant le temps que lui laissait libre un ouvrage de mécanique qu'il avait entrepris pour élever des eaux à Menars, eut la satisfaction, dans le courant de l'été de 1770, de découvrir une sorte de phénomène, qui depuis bien des siècles ne s'était sans doute montré qu'à lui, et dans lequel consiste tout le secret de sa découverte.

Il prit de la chaux éteinte depuis longtemps dans une fosse recouverte avec des planches sur lesquelles on avait répandu une bonne quantité de terre; de sorte que la chaux avait conservé par ce moyen toute sa fraîcheur; il en fit deux lots séparés, qu'il gâcha avec une égale attention.

Le premier lot, sans aucun mélange, fut mis dans un vase de terre vernissé, et exposé à l'ombre à une dessication naturelle; à mesure que l'évaporation de l'humidité se fit, la matière se gerça en tous ses sens; elle se détacha des parois du vase, et tomba en mille morceaux qui n'avaient pas plus de consistance que les morceaux de chaux nouvellement éteinte qui se trouvent desséchés par le soleil sur le bord des fosses.

Quant à l'autre lot, le sieur Loriot ne fit qu'y ajouter environ un tiers de chaux vive, mise en poudre, et amal-

gamer et gâcher le tout, pour opérer le plus exact mélange : qu'il plaça de même dans un pareil vaisseau vernissé ; il sentit peu après que la masse s'échauffait, et,
dans l'espace de quelques minutes, elle acquit une consistance pareille à celle du meilleur plâtre à propos dé-
trempé et employé : c'est une sorte de lapidification
consommée en un instant : les métaux en fusion ne se
figent guère plus promptement, lorsqu'ils sont retirés du
feu. La dessication absolue de ce mélange est achevée en
peu de temps, et présente une masse compacte sans la
moindre gerçure, et qui demeure tellement adhérente aux
parois du vaisseau, qu'on ne peut l'en tirer sans le briser.

Le résultat de ce mélange de la chaux vive, quelque
surprenant qu'il paraisse au premier abord, s'explique si
facilement, qu'on doit s'étonner qu'il eût été réservé au
sieur Loriot de le soupçonner le premier, et d'en faire la
découverte. En effet il est facile de reconnaître aussitôt,
que cette prise subite est un produit nécessaire de la chaux
vive, qui, portée par un exact amalgame jusque dans les
recoins les plus intimes de la masse de la chaux éteinte, se
sature de l'eau qu'elle y rencontre, et occasionne ce dessèchement total et subit qui ne surprend point dans l'emploi des gypses et des plâtres.

Mais la qualité la plus précieuse de cette composition,
est de n'être sujette à aucune gerçure, fissure et crevasse,
quand le mélange est dans sa proportion exacte, de n'é-
prouver ni retraite, ni extension, et de rester perpétuel-
lement au même état où elle s'est trouvée au moment de
sa fixité : ce phénomène tient aux mêmes raisons. Tandis
que le mortier, ou ciment ordinaire, ne se dessèche que par
l'évaporation de son humide superflu, cet humide reste ici
dans la masse ; il ne fait que se combiner avec la chaux

vive qui s'en empare : c'est une dessication, pour ainsi dire, interne ; et la masse restant la même, les parties étant d'ailleurs rapprochées autant qu'elles peuvent l'être, il ne doit y avoir aucunes gerçures ; car elles ne proviennent que de l'évaporation de l'humide superflu, et du rapprochement des parties qu'il tenait écartées.

Le sieur Loriot eut encore la satisfaction d'éprouver que son composé avait cette éminente qualité, de rester impénétrable à l'eau ; il répéta son essai, et forma de cette matière des espèces de vaisseaux à contenir de l'eau, et vit qu'après les avoir laissé sécher, l'eau qui y avait séjourné n'a éprouvé de diminution que par l'évaporation : le vase s'est trouvé de même poids qu'auparavant.

Ces expériences ayant été répétées plusieurs fois, il fallait reconnaître quel effet la révolution et l'intempérie des saisons, les pluies, les grandes chaleurs et la gelée pouvaient opérer sur ce mélange des deux chaux, de même que sur un grand nombre d'autres essais, où le sieur Loriot avait incorporé avec elles d'autres matières propres à former du mortier ; et il reconnut après les avoir laissés pendant deux années exposés aux injures de l'air, que ces essais avaient non-seulement résisté à tout, mais encore qu'ils avaient progressivement acquis plus de solidité.

Dès lors le sieur Loriot n'a pas craint d'affirmer que l'intermède de la chaux vive en poudre, dans toutes les sortes de mortiers, ou ciments qui se font avec la chaux éteinte, était le plus puissant moyen d'obtenir toutes les perfections qu'on y désire. Voilà la clé de la découverte qu'il a annoncée ; les plus intéressantes conséquences en dérivent d'elles-mêmes : on va indiquer les principales. La réflexion, les tentatives, et mille autres circonstances pourront par la suite y donner plus de développement.

Dès que par le résultat de l'expérience, les deux chaux se saisissent et s'étreignent si fortement, qu'elles ne font plus qu'un corps solide, l'on conçoit qu'elles peuvent aussi embrasser et contenir d'autres substances que l'on y introduira, les serrer et faire corps avec elles, selon la convenance plus ou moins grande de leurs surfaces et de leurs contextures, et par là augmenter le volume de la masse qu'on veut employer.

Ces corps étrangers, reconnus jusqu'ici pour les plus convenables à introduire dans le mortier, sont le sable et le ciment, ou brique pilée.

Prenez donc pour une partie de brique pilée très-exactement et passée au sas, deux parties de sable fin de rivière, passé à la claie, de la chaux vieille éteinte, en quantité suffisante pour former dans l'auge, avec l'eau, un amalgame à l'ordinaire, et cependant assez humecté pour fournir à l'extinction de la chaux vive que vous y jetterez en poudre, jusqu'à la concurrence du quart (¹) en sus de la quantité de sable et de brique pilée pris ensemble : les matières étant bien incorporées, employez les promptement, parce que le moindre délai en peut rendre l'usage défectueux, ou impossible.

Un enduit de cette matière sur le fond et les parois d'un bassin, d'un canal et de toutes sortes de constructions faites pour contenir et surmonter les eaux, opère l'effet le plus surprenant, même en l'y mettant en petite quantité : que serait-ce si les constructions avaient été originairement faites avec ce mortier ?

La poudre de charbon de terre s'incorpore très-efficacement avec ces mêmes matières, jusqu'à une quantité

____

(1) Voyez ci-après les observations à faire sur la qualité de la chaux vive.

égale à celle de la chaux vive; la couleur de plomb qui en résulte, n'est qu'un accessoire qui peut trouver sa convenance dans l'occasion; mais la substance bitumineuse que le charbon de terre contient, présente un rempart qui n'est pas moins impénétrable à l'eau que les autres matières auxquelles il s'associe.

Que l'on se contente d'ajouter un quart de chaux vive au simple mortier ordinaire de chaux fusée et de sable, l'on en fera un crépi qui, dans vingt-quatre heures, aura acquis plus de consistance que l'autre dans plusieurs mois.

Le mélange de deux parties de chaux éteinte à l'air, d'une partie de plâtre passé au sas, et d'une partie de chaux vive, fournit, par l'amalgame qui s'en fait, à la consistance du mortier ordinaire, un enduit aussi propre pour l'intérieur des bâtiments, que tenace et non sujet à se gercer. Il faut toujours avoir la même attention de ne préparer ces mortiers que par augées, et au fur et à mesure qu'on les emploie.

Au défaut de sable, s'il s'agit de constructions d'édifices qu'on voudra promptement élever, ou pour les enduits intérieurs, comme pour les crépis en dehors, on peut se servir de la terre franche; la plus sablonneuse sera la meilleure.

Si on ne peut avoir de la brique pilée pour les ouvrages destinés à recevoir l'eau, ou à la contenir, l'on peut y suppléer, en faisant des pelotes de terre franche, qu'on laissera sécher, et qu'on fera cuire ensuite dans un four à chaux, en les rangeant derrière les pierres à chaux, ou bien dans un fourneau particulier. Ces pelotes, aisément réduites en poudre, valent la brique pilée.

Un tuf sec et pierreux, bien pulvérisé et passé au sas, peut remplacer et le sable et la terre franche; il serait même à préférer, à cause de sa légèreté, pour les ouvrages qu'on voudrait établir sur une charpente.

Les marnes, exactement pulvérisées et délayées avec précaution, à cause de leur onctuosité qui peut résister au mélange, sont également propres à s'incorporer avec les chaux. La poudre de charbon de bois (¹), et en général toutes les vitrifications des fourneaux, celles des forges et des fonderies, crasses, laitiers, scories, mâchefers, toutes celles qui sont imprégnées de substances métalliques, altérées par le feu, sont également susceptibles des entraves que ce mélange des deux chaux leur prépare, et peuvent donner un ciment de telle couleur que l'on pourra désirer.

On ne doit pas omettre pour le besoin la pierre pilée; ces débris embarrassants de la taille des pierres; les gravois des démolitions, de constructions originairement faites avec la chaux et le sable, qu'il faut souvent transporter au loin, peuvent être de la plus grande utilité. Les essais que le sieur Loriot en a faits en petit, lui promettent le plus complet succès dans le grand.

Il faut cependant, en faveur de ceux qui sont chargés de l'apprêt des matières, et de tous ceux qui voudront faire la manipulation, les prévenir qu'à cause des différents degrés de force qui se rencontrent, non-seulement entre la chaux ordinaire d'un canton et celle d'un autre, mais encore entre la chaux provenant des pierres de la même carrière, si elle a été plus nouvellement ou plus anciennement cuite, on ne peut pas assigner précisément la quantité proportionnelle de chaux vive à faire entrer dans le ciment : ici il en faut davantage, là il en faut moins; c'est pourquoi le sieur Loriot a pris un terme moyen, en

---

(1) Les cendres sont pernicieuses, et retardent la prise de la chaux

assignant le quart en sus du total des matières de sable et de briques pilées, qui est la mesure d'une chaux de médiocre qualité employée en sortant du four : si elle était cuite depuis longtemps, il en faudrait davantage; comme aussi il en faudrait moins, si c'était une chaux de qualité supérieure, faite de pierre dure qui absorbe beaucoup d'eau.

Le travail aux environs de Paris commence à montrer qu'il faut à peu près un tiers de la plus parfaite qu'on y ait : cette chaux est inférieure à la bonne commune, qui lecède elle-même à celle qui se fait à Senlis, qui est la meilleure de toutes. Il est de la plus grande importance de connaître l'état et la qualité particulière de la chaux qu'on doit employer, parce que c'est d'un juste assortiment que résulte la perfection : une trop grande quantité de chaux vive qui a beaucoup de force, qui boit beaucoup, ne trouvera pas à s'éteindre parfaitement et à se combiner en mortier; elle brûlera, elle tombera en poussière : celle au contraire qui, en s'éteignant, aura été inondée, sans pouvoir absorber l'eau dans sa fusion, en laissera de superflue, qui, par l'évaporation dans le dessèchement du mortier, le crevassera. On ne peut trop recommander les essais sur la qualité de la chaux même aux ouvriers qui auront opéré avec la plus grande justesse dans un pays, et qui voudront travailler dans un autre; indépendamment de l'avantage local, qui peut se trouver plus ou moins grand, il faut qu'ils soient bien convaincus que la chaux se décompose à mesure qu'elle vieillit, et qu'il faut par conséquent en augmenter progressivement la dose; que sa mauvaise qualité peut même faire entièrement échouer l'ouvrage.

Pour en avoir continuellement de nouvelle, il serait à désirer que dans des travaux suivis et en grand, on eût des fours à chaux comme ceux que l'on voit aux environs de Chartres : ce sont des fourneaux en forme de cheminées, remplis lits par lits alternativement de charbon et de pierre cassée en petites parties. Ces fours se chargent par le haut, et au fur et à mesure du besoin, on tire de la chaux par le bas : au moyen de cela on en a continuellement de nouvelle : mais, un avantage qui ne serait pas moins considérable, c'est que par ce procédé l'on serait maître de donner, suivant la qualité de la pierre, le degré de cuisson qui y est nécessaire, et qui n'exige pas toujours une aussi considérable diminution de son poids, que celle qui est communément assignée sur des épreuves particulières : on n'aurait pour cela qu'à augmenter ou diminuer à proportion les lits de charbon.

Quant à la qualité du sable, il y en a de carrières, préférable à celui des rivières, dont le grain est trop poli par le charriage.

La préparation du mortier, ou ciment se peut faire de deux manières : la première, en délayant exactement avec la chaux éteinte et l'eau, les matières de sable, de briques pilées, ou autres qu'on y veut faire entrer, à la consistance qu'on a annoncée, c'est-à-dire, un peu plus claire que pour l'emploi ordinaire : c'est en cet état qu'il faut jeter de la chaux vive pulvérisée, en l'éparpillant et débroyant bien pour s'en servir incontinent.

La deuxième, est de faire un mélange des matières sèches, c'est-à-dire du sable, de la brique pilée et de la chaux vive, dans la proportion assignée ; — mélange que l'on pourrait mettre dans des sacs, en dose convenable pour une ou deux augées ; — la chaux éteinte, d'un autre côté, étant portée avec l'eau, on pourra faire, à l'instant du besoin, et même sur l'échafaud, la mixtion, comme l'on fait du plâtre, en gâchant et détrempant le tout avec la truelle.

La proportion des doses une fois reconnue, les ouvriers à qui on délivre les matières ainsi mélangées, ne peuvent plus si facilement se tromper.

Mais le sieur Loriot annoncerait une vaine découverte; il échaufferait inutilement l'imagination et la curiosité par ses promesses, s'il n'était pas en état de faire voir que le succès a répondu dans des épreuves du genre le plus varié, à l'annonce des essais en petit.

D'abord M. le marquis de Marigny, dans la vue d'appliquer au profit du roi, et dans l'administration particulière des bâtiments de Sa Majesté, ainsi que dans les autres parties de l'architecture civile et militaire, les avantages que promet cette composition, a voulu que sa plus importante qualité, celle qui annonce qu'elle est impénétrable à l'eau, qu'elle la contient et la soutient, qu'elle prend sous elle une consistance et une tenacité surprenantes, sans gerçures ni crevasses, sans extension ni retraite, fût principalement et soigneusement constatée; et, dans cette vue, les ouvrages aquatiques ont été les premiers qu'il a proposés pour cette épreuve.

Il avait à établir, dans ses jardins de Menars, le bassin d'une machine hydraulique très-importante, un canal de 40 à 50 toises de longueur, qui y amène l'eau, et des pierrées souterraines, qui sont des accessoires de la machine.

Dans tous ces ouvrages on a employé le mortier, ou ciment du sieur Loriot, tantôt en simple enduit, dans les parties qui le demandaient, tantôt en maçonnage de moellons jetés à pierre perdue, tantôt enfin en tampon à la bonde d'un canal qu'il fallait dessécher, pour l'enduire dans toute sa capacité ; l'effet de ce dernier essai particulier, — fait à la suite de l'emploi de la glaise, du mortier ordinaire et de tous les autres moyens connus, — a été si subit et si décidé, qu'à l'instant où la bonde a été remplie de cette matière, l'eau a trouvé une telle résistance, que tandis qu'elle pénétrait à travers les pores de la pierre, en y produisant un suintement très-marqué, le mortier employé pour tampon est parvenu, dans un très-court espace, au point de dessication le plus complet.

Le dôme d'une fontaine de construction précieuse, dans l'intérieur de laquelle on était inondé, parce que la qualité spongieuse de la pierre du pays donnait passage à toutes les eaux dont ce dôme était frappé, a été revêtu d'une calotte de ce ciment : l'effet en a été aussi prompt qu'on pouvait le désirer, et a causé la plus grande satisfaction.

Le bassin de la machine hydraulique construit, pour la plus grande partie, sur la voûte d'un souterrain dans lequel sont placés tous les mouvements de cette machine, présente encore chez M. le marquis de Marigny un exemple éclatant de l'usage avantageux de ce ciment ; mais, ce qui est à remarquer, c'est que toutes ces épreuves ont été faites dans des temps extrêmement défavorables, en automne, au commencement de l'hiver 1772, et au printemps de la présente année 1773, où les ouvriers étaient fréquemment obligés de travailler par un temps de pluie. Ils venaient à la fin du mois d'octobre 1772, de terminer l'enduit d'un bassin dans une basse-cour de volailles aquatiques lorsqu'un violent orage y versa plus de six pouces d'eau : l'ouvrage n'en fut point intéressé ; cette eau n'éprouva de diminution que celle de l'évaporation.

On demandera peut-être quelles sont celles de ces compositions que le sieur Loriot a employées de préférence dans ses travaux à Menars; il est juste de satisfaire à cette question.

Le ciment employé dans le grand canal du potager, long de 47 toises, sur 7 pieds de largeur et de 3 pieds de profondeur; dans celui de l'arrière-potager, dans le bassin de la basse-cour aux volailles; sur la voûte souterraine que couvre actuellement une plantation de lilas, sur le dôme de la fontaine dont on a parlé, est celui où on fait entrer simplement le sable et la brique pilée, avec les deux chaux, l'une vive et l'autre éteinte. Il en est de même de celui qui a servi de mortier pour la construction du massif de la conduite qui mène l'eau sur la machine.

Les enduits de cette conduite, ceux du bassin qui en reçoit l'eau, et qui, s'élevant de 7 pieds, sert de ventouse, en même temps que de décharge de superficie, quand on ne veut pas laisser aller l'eau dans le petit bassin de la machine, ont été faits avec l'addition de la poudre de charbon de terre, suivant la proportion indiquée ci-dessus.

Quant aux enduits faits aux murs de terrasses et autres parties de bâtiments, dont le crépi, repoussé par l'humidité et les injures de l'air, tombait tous les hivers, il n'a employé autre chose pour les faire, que la quantité prescrite de chaux vive, ajoutée au mortier ordinaire, un peu clair, de chaux éteinte et de sable.

Il s'est servi de ce même mortier pour le placage dans une voûte souterraine, qu'il a ensuite fait enduire du ciment très-blanc dont on a parlé, et qui est composé de deux parties de chaux éteinte à l'air, d'une partie de chaux vive et d'une partie de plâtre. C'est même ici le lieu de faire observer que la chaux éteinte à l'air, dans un lieu couvert, ce qui se reconnaît à ce qu'elle est réduite en poudre impalpable, peut être employée avec succès pour retarder l'effet de la prise du ciment, comme par exemple, lorsqu'on doit travailler l'enduit avec plus de précaution et de temps.

Lorsque le sieur Loriot a eu besoin d'appliquer de son ciment sur les voûtes de quelques souterrains extérieurs qui fournissaient un passage sur leur plan incliné, il y a fait entrer des matières plus grossières, de petits cailloutages et des graviers. Le rempart contre la pluie et l'humidité n'a pas été moins efficace, et le chemin plus raboteux est devenu moins périlleux à pratiquer.

On sent, après tout ce qu'on vient de dire, à combien d'usages différents la découverte qu'on annonce peut avoir son application, et quels nouveaux avantages elle peut fournir dans toutes les parties des bâtiments.

Déjà, quelques constructions que l'on fasse avec ce mortier, elles acquerront une solidité et une permanence à laquelle on ne peut se flatter d'atteindre, dès que les différentes parties n'ayant de solidité que par leurs assises, manquent de liaison entre elles.

Quelles voûtes ne fera-t-on pas ! quelle forme ne pourrat-on pas leur donner, sans craindre de nuire à leur solidité ! On en pourrait construire avec de simples cailloutages, d'aussi légères qu'on voudrait : on ne doit craindre ni poussée, ni rétrécissement, ni surcharge.

Des aqueducs, des conduites d'eau bien appuyées et chargées suffisamment pour soutenir le poids de la colonne, pourront faire élever ce liquide à la hauteur désirée.

Les canaux et bassins, tous les ouvrages destinés à contenir les eaux, n'ont plus besoin désormais de contre-murs, des corrois (¹), des glaises, des mastics et d'une infinité d'autres matières, toutes également insuffisantes après une

---

(1) Massif de terre franche ou de glaise que l'on pétrit entre les deux murs d'un canal, d'un bassin, pour retenir l'eau à une certaine hauteur.

(Note de l'éditeur.)

légère révolution, et toujours très-dispendieuses par la nécessité d'y revenir souvent. La formation de leurs massifs par l'emploi de ce mortier, serait infiniment préférable; mais, quand ces ouvrages se trouvent faits autrement, il faut se contenter de rechercher les joints avant que d'appliquer la couche de ciment.

Toutes les constructions souterraines dans les fortifications, comme dans l'architecture civile, peuvent devenir habitables et plus saines, même au milieu des eaux : nos caves sujettes aux inondations par les crues d'eau ; celles qui sont construites sous des cours et autres lieux découverts qui en arrosent les voûtes, les fosses d'aisance, qui portent l'infection aussi loin que le permettent les couches de terre à travers lesquelles elles fluent, tout cela demande les secours de ce ciment, qui forme un aussi puissant obstacle à l'entrée qu'à la sortie des liquides.

Qui est-ce qui ne conçoit pas que l'on peut faire de cette matière, comme d'un seul jet, des auges, des abreuvoirs pour les basses-cours, des réservoirs contre les incendies, des citernes de la plus grande salubrité dans les forteresses, comme dans tous les autres lieux où on manque d'eau ?

Quelles terrasses, quelles plates-formes, quels combles pour les édifices, de quelques formes qu'on juge à propos de les décorer! On ne sera plus obligé de donner aux murs l'épaisseur qui est nécessaire pour porter le poids énorme de ces dalles de pierre qui entraînent la chûte, ou de ces tables de plomb, si dispendieuses, qui ne remédient pas mieux les unes que les autres à l'humidité et à l'infiltration des eaux. La tuile, l'ardoise, le plomb laminé même peuvent-ils se ployer en autant de manières que ce ciment, pour les faîtes, les jets d'eau, les rigoles, les gouttières et les écoulements?

Les couverts entiers pourront être formés d'un enduit sur de simples lattes un peu rapprochées; la plus légère charpente sera suffisante pour porter ce poids : mais de quel secours cette matière ne sera-t-elle pas dans les lieux où on n'a pour couverture des édifices, qu'un léger bardeau, si dangereux pour les incendies, ou que des carrières de pierres plates, d'une surcharge prodigieuse.

Les ornements, tant intérieurs qu'extérieurs des bâtiments peuvent emprunter de ce ciment, avec la solidité, la plus grande variété : il faudra seulement avoir attention, d'un côté, que les crépis et les ornements en relief ne soient appliqués qu'à des murs bien secs, attendu que le ciment pourrait concentrer des principes destructeurs, qui à la fin se feraient jour : et de l'autre, que ces ouvrages puissent avoir acquis un entier dessèchement avant la saison des gelées.

Un pareil ciment, celui surtout où l'on fait entrer de la pierre pilée, est une pierre factice qu'on peut jeter au moule, et former de cette manière des balustres, avec pilastres, pour servir d'appui sur les terrasses et plates-formes; des rampes d'escaliers avec leurs plates-bandes, tablettes, etc. Pour plus grande solidité, ces sortes d'ouvrages peuvent avoir leur noyau en fer grossier, tant pour les pilastres que pour les plates-bandes.

On peut aussi, soit dans des moules, soit sur la roue du potier, faire des vases d'ornements, des pots à fleurs et de service, pour les jardins et parterres, de telle couleur qu'on les voudra.

Il y a plusieurs provinces du royaume, plusieurs parties de l'Europe où le plâtre manque absolument, et où la disette ou bien la cherté de cette matière, qui en est la suite, empêche d'exécuter bien des ouvrages d'une grande commodité dans la construction : tels sont, par exemple, les devoiements des cheminées : au moyen de l'invention du sieur Loriot, on pourra désormais les y pratiquer avec la même facilité que dans les pays de plâtre.

Le sieur Loriot n'ose pas encore assurer que sa découverte peut s'étendre à un art bien précieux et bien intéressant, celui de la sculpture, pour remplacer le plâtre, les terres argileuses et autres matières moins solides, et sujettes à retraite ou extension. Il paraît déjà indubitable que ce ciment est très-propre à obtenir le moule creux des figures que l'on veut copier ; l'auteur espère qu'aidé des bons offices et des lumières des artistes célèbres que fournit la capitale, il pourra contribuer en quelque chose à l'avantage de l'art qu'ils sont occupés à enrichir : il répondra avec le même empressement aux personnes qui daigneront lui communiquer les idées qui leur seraient venues sur la possibilité de l'application de son ciment à d'autres choses (¹).

Que pourrait-on ajouter à ce que l'on vient de dire, et sur la découverte et sur le secret de sa composition, et sur la manière de s'en servir ? Le sieur Loriot ne s'est rien réservé, même des vues particulières qu'il a portées sur un grand nombre d'objets qu'il n'a pu encore traiter en grand. Mais s'il n'a rien plus à cœur que de répondre à l'empressement qu'a marqué le public, dès qu'il a su que la découverte devait devenir le bien propre de chaque particulier, par la bienfaisance de Sa Majesté, qui en a ordonné la publicité ; il espère que ce même public daignera l'apprécier, moins par sa simplicité, que par ses résultats et son utilité ; moins parce que la chose est en elle-même,

____

(1) Quoique ces derniers alinéas n'offrent plus un intérêt d'actualité, eu égard à l'ancienneté de la publication de ce mémoire, nous avons cru, néanmoins, qu'il était convenable de les conserver, ne fût-ce que pour reproduire fidèlement la pensée et les excellentes intentions de l'auteur.

(Note de l'éditeur de cette nouvelle édition.)

que par les recherches longues, assidues et pénibles dont elle le met en état de recueillir le fruit.

On doit cependant prévenir ici les personnes qui auront des travaux à faire, qu'elles ne devront pas imputer à la découverte les fautes que pourraient commettre, à leur préjudice, les ouvriers qui se diraient instruits de cette méthode, sans avoir joint la pratique aux connaissances qu'ils peuvent acquérir par la lecture de ce mémoire. Comme il importe infiniment à la perfection, de faire marcher d'un même pas, l'exercice et la main-d'œuvre avec la théorie des règles que l'on donne par écrit, le sieur Loriot en employant les premiers ouvriers qui se sont formés à Menars, et qu'il a fait venir sur les travaux pour le roi et les princes, aura l'attention d'instruire tous ceux qui se présenteront pour mettre la main à l'ouvrage. Dès qu'il sera convaincu de leur capacité, il leur donnera un certificat de cette espèce d'apprentissage, à la vue duquel ceux qui voudront les employer pourront le faire avec plus de confiance. Au surplus, tous ceux qui voudront avoir des ouvriers instruits dans cette espèce d'art nouveau, n'auront qu'à lui adresser des sujets susceptibles d'instruction : il se flatte d'en former en peu de temps des ouvriers en état de conduire les autres.

Si enfin des provinces ou des villes demandaient que l'on détachât quelques sujets, pour remplir leurs vues patriotiques, et aller présider à des travaux et former des élèves sur les lieux, le sieur Loriot se fera un devoir de leur donner ceux qui seront les plus capables.

FIN.

(Suivent l'approbation et le privilége du roi que nous croyons inutile de reproduire.)

Certifié conforme au texte du Mémoire publié en 1774:

L'éditeur de cette nouvelle édition,

CH. FRANTZ.

HAGUENAU. — IMPRIMERIE ET LITHOGRAPHIE DE V. EDLER.

www.ingramcontent.com/pod-product-compliance
Lightning Source LLC
LaVergne TN
LVHW021754060726
842528LV00003B/950